AF360099

COMBLE

CARRELAGÉ,

OU

CONSTRUCTION

D'UN NOUVEAU COMBLE

APPELLÉ CARRELAGÉ;

De l'invention de M. le Comte D'ESPIE, Chevalier de l'Ordre Royal & Militaire de St. Louis, ancien Commandant d'un Bataillon d'Infanterie, Gouverneur de Muret, Chevalier de l'Ordre de la Fidélité de Son Altesse Sérénissime le Margrave de Bade, d'Ourlach & Baden, Colonel breveté par ledit Prince,

Avec des Plans gravés en Taille-douce.

A TOULOUSE,

De l'Imprimerie de M^e. JEAN-FLORENT BAOUR, Écuyer, Scelleur en la Chancellerie, rue S. Rome.

M. DCC. LXXXVIII.

AVERTISSEMENT.

AYANT imaginé, il y a quelque temps, un toit d'une nouvelle construction, je le fis exécuter l'année derniere à une des aîles de mon château d'Espie. Comme j'ai cru cette découverte utile à la société, je me suis empressé d'en faire part à l'Académie d'Architecture de Toulouse, dont j'ai l'honneur d'être membre. Dans l'Assemblée du 3 Mars dernier je fis la lecture du mémoire qui en explique le méchanisme, & je mis sous les yeux le Plan & le profil qui en caractérise les détails.

Cette nouvelle construction fut généralement approuvée par notre

Académie ; elle convint que fi toutes les maifons d'une Ville avoient de pareils toits , fes habitans n'éprouveroient point de fi grandes alarmes au moindre bruit d'un incendie, & que l'humanité y trouveroit fon avantage ; elle m'exhorta pour lors à faire imprimer & graver cet ouvrage ; je défére à fon vœu, avec d'autant plus de plaifir , qu'il me met à même de donner au public un nouveau témoignage de mon zèle & de mon patriotifme.

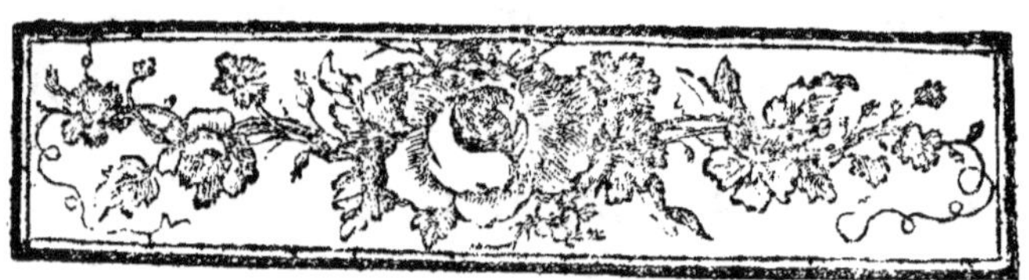

COMBLE CARRELAGÉ.

FRAPPÉ des malheurs auxquels l'humanité eſt expoſée, par les accidens des fréquens incendies, dans certaines Provinces du Royaume, dont les papiers publics n'ont ceſſé, dans tous les temps, de nous inſtruire ; touché des déſaſtres qu'ils occaſionnoient, & de l'infortune de tant de malheureux, je cherchois un moyen d'y remédier. Je crus l'avoir trouvé : il me ſembla même qu'il avoit le double avantage, qu'en garantiſſant les maiſons des particuliers des accidens du feu, il pouvoit rendre incombuſtibles les Arſenaux, & les Magaſins du Roi dans les Places de guerre. Je me hâtai d'en faire part au public, dans une Brochure intitulée :

MANIÈRE de rendre toute ſorte d'Édifices incombuſtibles, ou Traité ſur la conſtruction des voûtes faites avec des briques

(6)

& du plâtre , dites voûtes plates , & d'un comble de briques sans charpente , appellé comble briqueté , de mon invention , imprimé à Paris , chez la Veuve Duchesne , rue St. Jacques , l'année 1754 & en 1776.

Ce petit Ouvrage fut si bien accueilli du public , que les étrangers le traduisirent dans leur langue. Les Anglais à Londres , en 1758, par M. Dutens ; & les Allemands , à Franc-fort & à Léipsic , en 1760.

Étant à Paris , en 1775 , je vis , avec la plus grande satisfaction , qu'on avoit suivi mon système , dans la maison de M. Douet, à la rue Bergere , que le sieur Sales avoit fait bâtir , en séparant les étages par des voûtes plates , avec un comble également sans charpente ; mais il s'étoit écarté de mon système , en faisant les murs inutilement trop épais , & ayant porté, sans nécessité , cette même épaisseur jusqu'au faitage ; il craignit apparemment que les voûtes & les combles ne pouvant pas se soutenir par eux-mêmes , il falloit non-seulement les consolider par des murs très épais , mais encore les brider & les assujettir avec des liens de fer. Il en employa une si grande quantité que le prix se monta à une somme exorbitante.

Je vis également que l'on avoit mis à Versailles l'Hôtel de la Guerre & de la Marine à l'abri du feu , par le moyen des voûtes plates, armées auſſi avec des liens de fer ; on auroit pû éviter cette dépenſe, ſi l'on avoit donné à ces voûtes un peu plus de ceintre. Ayant prouvé dans mon ouvrage que ces ſortes de voûtes n'ont point de pouſſée, comme les autres voûtes : on pourra voir les preuves & les exemples que j'y ai cités, on y verra encore que dans le nombre des voûtes que j'ai fait conſtruire à mon château d'Eſpie, à quatre lieues de Toulouſe, il y en a une qui eſt portée & appuyée ſur une triple cloiſon, faite avec du plâtre & des briques poſées de champ, l'une ſur l'autre, telles qu'elles ſe font dans ces pays méridionaux, ce qui ne fait pas ſept pouces d'épaiſſeur, la brique en ayant deux, & le plâtre qui les lie pouvant à peine en avoir un ; les trois autres côtés de la voûte ſont portés par des murs, dont l'un n'a que dix pouces d'épaiſſeur ; cependant cette voûte exiſte depuis plus de vingt ans, ſans s'être démentie en aucune fa-çon.

M. le Prince de Condé ayant voulu met-tre les nouveaux bâtimens de ſon Palais de Bourbon à l'abri du feu, ſon Architecte n'eut garde d'y employer du fer ; tous ces bâtimens, qui ſont conſidérables & immen-ſes, ſont à corps double, tous les étages en ſont ſéparés par des voûtes plates, & les combles conſtruits auſſi avec de pareilles voûtes , mais les ceintres en font différens , parce qu'en formant de chaque côté une portion de cercle ; elles vont fe joindre & s'amortir au mur de refend , qui forme le pignon ou faitage de chaque bâtiment ; toutes les voûtes des combles font couvertes d'ardoife : à les voir par dehors , il n'y a perfonne qui ne croie que ce font des manfardes foutenues par une charpente. Il n'y a cependant point de bois ; le deffous des combles forme de fort jolies chambres à loger les gens de M. le Prince de Condé , au lieu que le deffous des combles briquetés ne peut fervir à cet ufage , ils n'ont d'autre mérite que celui d'être incombuftibles & de n'exiger aucune réparation , comme les autres toits ; mais nous ne pourrions pas dans ce pays-ci pratiquer de pareils combles , il n'y a point d'ardoife , & notre plâtre ne réfifte point à la pluie , comme celui de Paris.

L'Architeéte de M. le Prince de Condé eut une bonne idée : il ordonna au Briquetier de Bourgogne , dont à Paris on tire la brique , qu'avant de faire cuire toutes celles deftinées pour les voûtes plates , il fît , avec un poinçon , dix à douze trous à une des faces de chaque brique , afin qu'en mettant ces briques l'une fur l'autre , le plâtre entrant dans ces petits trous s'y amalgamât mieux avec la brique , fît meilleure prife & rendît le tout plus folide ; c'eft ainfi que les uns inventent & que les autres perfectionnent ; des idées fi fimples & fi faciles dans leur exécution doivent être préférées à des êtres multipliés inutilement & fans raifon, qui occafionnent fouvent de grandes dépenfes ; il eft donc néceffaire de fimplifier toutes les parties d'un ouvrage autant que faire fe peut, en les rendant néamoins folides & durables, (1) pour qu'il foit à la

---

(1) *Je fuis furpris qu'on n'ait jamais penfé à fimplifier ces maffes énormes de maçonnerie auffi épaiffes que lourdes, que l'on emploie dans les places de guerre, à la conftruction des fortifications, fans compter toutes les autres maffes de murs épais qu'on ne voit point, qui font fous terre pour les foutenir, & pour en empêcher la pouffée, tels que les contre-forts, &c.*

Cette conftruction fi difpendieufe coûte au Souverain des fommes exorbitantes, & fon entretien eft fouvent à charge, par les réparations qu'elle exige. Si après tant de travaux immenfes & après tant de fommes prodigieufes employées à la conftruction de ces murs, fi redoutables aux yeux du public, ils pouvoient faire quelque réfiftance au canon de l'ennemi, on n'auroit rien à regretter, mais ce foudre de guerre eft aujourd'hui fi multiplié & fi bien fervi dans les Siéges, qu'il a bientôt abattu ces maffes épaiffes de maçonnerie, dont les ruines tournent à l'avantage de l'affiégeant, elles fervent à combler le foffé, & à lui faire un paffage aifé pour monter à l'affaut.

Ne pourroit-on pas fimplifier tous ces murs de relevement, en leur donnant moins d'épaiffeur ? pour cela il faudroit trouver un moyen peu difpendieux, pour contenir les terres qui forment le rempart, afin de les empêcher d'agir par leur pouffée contre les murs qui les entourent, ce qui produiroit trois avantages, le premier, feroit une très-grande épargne ; le fecond, que

A 5

portée de la fortune de tout le monde, & qu'il puisse être imité ou suivi.

M. le Duc de Croy, animé du même zèle patriotique, au sujet des désastres occasionnés par l'incendie; lors de celui du Palais de Paris, qui en consuma une partie, envoya à l'auteur du Mercure de France un mémoire, inséré dans le second volume du mois de Janvier 1776, page 178, concernant un toit construit à Calais, qui est moins combustible & moins cher que les toits ordinaires; il prétend que c'est par les toits que les incendies se manifestent, & il est étonné *qu'on ne s'attache pas à y remédier ; il dit, les moyens en sont faciles, étant reconnu que les incendies ne sont jamais dangereux que par les toits, qui seuls*

---

les ruines de ces murs simples ne pourroient jamais combler le fossé ; le troisieme, que le canon des différentes batteries, ni le ricochet ne feront que des trous dans la tetre, & ne pourront point l'ébouler si facilement dans le fossé.

Si notre Académie des Sciences de Paris annonçoit cet objet intéressant, dans un de ses programmes, il y a grande apparence qu'il serviroit à développer les idées des personnes capables de remédier aux vices & aux inconvéniens de cette ancienne construction, & d'en imaginer une nouvelle qui fût moins lourde, mais solide, plus simple & moins coûteuse : depuis long-temps j'en fais l'objet de mes recherches ; si j'étois assez heureux pour la trouver, j'en ferois part aussitôt au public, je n'ambitionnerai jamais d'autre prix que la gloire d'être utile à ma patrie & de servir mon Roi & l'État.

les communiquent, parce qu'ils font expofés aux grands vents, lefquels animent le feu & portent les flammes auloin avec rapidité; cela étant certain, on fait donc que la meilleure façon d'empêcher que les toits ne brûlent, c'eft-à-dire qu'il faut les rendre incombuftibles.

Si l'on étoit bien convaincu de cette vérité, on n'héfiteroit point à fuivre la conftruction des combles du Palais de Bourbon, ou mes combles briquetés, felon la production des matériaux de chaque pays, mais on devroit principalement employer ces combles & ces voûtes plates pour les Magafins & les Arfenaux du Roi, pour les Maifons publiques, les Bibliothéques, les Hôpitaux, les Églifes, les dépôts d'Archives & les Salles de Spectacle, où l'on a vu plus d'une fois arriver de défaftres affreux par l'accident des incendies. Ne feroit-il pas avantageux, pour le bien public, qu'il y eût dans chaque Ville un dépôt ainfi conftruit, par conféquent à l'abri du feu, où chaque Notaire auroit une place pour y arranger fes regiftres, fermée par des chaffis garnis en fil d'archal, dont il auroit la clef, pour y avoir recours toutes les fois qu'il en auroit befoin : quelle perte pour les familles d'une Ville, fi la maifon d'un Notaire venoit à être incendiée fans avoir eu le temps de fauver fes regiftres !

A 6

M. Gloefer trouva auffi dans le même
temps la compofition d'un enduit, dont il
donna la recette dans le Journal intitulé,
Nature Confidérée, N°. 2, le 30 Janvier
1776 ; il prétend que les bois enduits &
frottés de cet enduit deviennent incombuftibles.

On a trouvé depuis peu à Stockolm un
moyen pour rendre les cartons incombuftibles.

Malgré tous ces moyens annoncés au
public de rendre les édifices incombuftibles,
on continue toujours à bâtir par-tout felon
l'ancienne méthode ; eft-ce que l'on trouve
ma conftruction trop chere ? mais j'ai fait
voir qu'elle étoit moins coûteufe, puifqu'à
la page 73 de mon ouvrage on trouvera
qu'une aîle de bâtiment de 64 pieds de long
fur 32 pieds de large, fa couverture en
comble briqueté n'a coûté que 530 liv., au
lieu qu'un toit à la françaife également à
deux égoûts, dans un bâtiment de même
longueur & largeur, fans manfarde ni lucarnes, tant pour la charpente que pour la
couverture en tuile, compris les filets,
égoûts & faîtage, coûteroit la fomme de
1395 liv. 10 fous, & un comble en manfarde à deux égoûts, avec fon Brefis, fans
lucarnes, de la même longueur & largeur,
la charpente, la couverture, le comble
couvert en tuile & fon brefis en ardoife,

ſe monteroit, tout compris, à 2329 livres 15 ſous.

Il eſt aiſé de voir par ce calcul, que la différence du prix eſt bien grande, puiſqu'un toit à la françaiſe coûte un peu plus du double que celui qui eſt briqueté. Quand celui-ci n'auroit que le ſeul avantage d'être incombuſtible, n'eſt-il pas aſſez grand pour lui donner la préférence ſur tous les toits en bois de charpente ? mais ce qui doit donner encore plus de crédit à ces combles briquetés, c'eſt d'avoir été approuvés par le feu Roi, lorſque j'eus l'honneur de lui faire voir à Verſailles le relief que j'avois fait faire de mon comble briqueté & des voûtes plates, & que j'eus celui de lui en expliquer le méchaniſme, qui devenoit très-facile à comprendre, parce que ce relief, en ſe démontant, faiſoit voir toutes les parties intérieures qui compoſoient ſa conſtruction totale. Ce relief fut placé, par ordre de feu M. le Comte d'Argenſon, Miniſtre de la Guerre, au Louvre, dans la galerie des Plans, il voulut même que mon nom y fût inſcrit ; mais rien de plus difficile que de vouloir détruire la prévention, c'eſt l'uſage, c'eſt dit-on la coutume ; cela ſuffit, on ne raiſonne plus & on n'écoute plus rien.

Cependant les incendies continuent toujours : le Mercure de France & les papiers publics ne manquent jamais de nous entretenir des malheurs qu'ils occafionnent ; j'ai compté dix à onze incendies en 1786 ; ils ont brûlé un grand nombre de maifons, confumé des Villages entiers, fait bien des malheureux & mis la défolation dans des familles entieres, qui n'ont eu d'autre ref-fource que celle de recourir à la charité publique.

Je ne fuis nullement furpris de ces fréquens incendies, fur-tout dans les Provinces où l'on eft dans l'ufage de conftruire les maifons & les granges en bois de charpente, enduits en torchis, & leur couverture en paille ou en chaume. Des maifons ainfi conftruites doivent être incendiées dans un inftant, & entraîner la perte de toutes les autres.

Mais je fuis furpris qu'on n'ait jamais fongé à y remédier, fur-tout dans un fiècle auffi éclairé que le nôtre, où le génie de l'homme s'eft développé & fe développe tous les jours d'une maniere fi particuliere. Ne feroit-il pas plus avantageux pour le bien public, qu'on eût cherché à trouver un moyen facile & peu difpendieux pour convertir ces toits de paille en d'autres matériaux moins incombuftibles ? c'eft un objet des plus intéreffans, puifqu'il s'agit de la vie & de la fortune de tant de gens expofés journellement à ces fréquens incendies. Pourquoi nos Académies, (même celles de l'Europe, où ce malheur est commun avec nous) qui donnent souvent des Prix considérables pour des découvertes moins utiles, n'en donneroient-elles pas quelques-uns à ceux qui trouveroient des moyens avantageux pour remédier à de pareils malheurs ? le public leur en sauroit gré, & l'humanité y trouveroit son compte.

Il n'est pas douteux que le Gouvernement ne donnât des récompenses à ceux qui auroient trouvé d'autres matériaux moins combustibles que la paille & le chaume ; il faut espérer que les Assemblées Provinciales, que Sa Majesté a établies, pour le bien de son Royaume, s'occuperont du soin de remédier aux incendies dans les Provinces où ils sont si fréquens.

Si dans ces pays méridionaux on entend parler très-rarement d'incendie, c'est parce que les maisons sont construites différamment, on les construit ou en pierre, ou en moilon, ou en brique, ou moitié brique ou moitié caillou, ou bien en terre, appellée (Paroi) les toits sont composés d'une légere charpente, couverte en tuile creuse, appellée tuile (canal) ; & que dans les Bourgs, les Villages & les maisons éparses dans la campagne, la gerbe du grain ne s'enferme point dans des granges, mais chacun la rassemble devant sa maison, à une certaine diſtance , (1) par ce moyen le feu n'a pas tant de priſe dans les maiſons des Bourgs & des Villages , conſtruites de la façon dont elles le font dans ce pays-ci ; le gerbier ou le pailler en étant éloignés ne ſauroient en augmenter l'incendie ni occaſionner les ravages que font ordinairement les granges remplies de gerbes ou de paille.

Si dans les pays où l'on eſt obligé de conſtruire les maiſons ou les granges avec des matériaux ſi combuſtibles , il ne s'y en trouve point d'autres , comme pierre , moilon , brique & caillou , &c. & qu'il en coûtât trop pour les faire venir de loin ,

---

(1) *Elle s'arrange l'une ſur l'autre , enſorte que la cime ſe termine en pointe , afin que la pluie ne l'endommage pas , cela s'appelle* (Gerbier) *devant lequel on prépare l'Aire , appellé* (Sol) *pour y battre les gerbes au fléau , ou avec des chevaux , la paille qui en provient s'arrange de même d'un autre côté du Sol , on la termine auſſi en pointe , on la couvre avec de la paille de Seigle , pour empêcher la pluie d'y pénétrer , cela s'appelle* (Pailler) , *on le contient & on le bride avec des cables faits avec la paille de Seigle , qui pendent des deux côtés à un pied au-deſſus du niveau du terrain ; on aſſujettit les deux bouts de ces cables , avec des piquets ou perches de quatre à cinq pieds de long que l'on enfonce de part & d'autre dans le pailler , on proportionne toujours , à la grandeur & longueur du pailler , le nombre des cables qu'il faut y placer , par ce moyen , le vent quelque violent qu'il ſoit n'y peut cauſer aucun dommage ; ainſi , le gerbier ou le pailler n'a rien à craindre de l'incendie , ſi la maiſon dont ils dépendent venoit à être brûlée.*

parce qu'il arrive souvent que certains matériaux abondent dans une Province , &
manquent dans une autre ; c'est alors qu'il
faut s'intriguer & que l'artiste & l'amateur
doivent développer leur génie , pour trouver & imaginer une construction aux moin-
dres frais , & moins combustible. Au lieu
de construire des maisons en bois de charpente , pourquoi ne pas les construire en
terre ? il n'est pas douteux que toute terre
bien préparée , hors la sabloneuse , ne soit
bonne à cet usage. Pourquoi ne pas faire
venir des ouvriers de ces pays-ci , qui sont
experts dans cette construction , qui l'auroit
bientôt appris à ceux des autres Provinces ?
Comme aussi , au lieu de couvrir ces maisons avec du chaume & de la paille , pourquoi ne pas les couvrir plutôt avec des
nates de paille même , si absolument on
n'avoit pas d'autres matériaux ? Il en faudroit une bien moindre quantité , elles char-
geroient moins les planchers , le feu n'y
produiroit pas une si grande flamme , il se-
roit plus aisé à éteindre , sur-tout si l'on
mettoit sur ces nates quelque enduit fort
léger & fort mince , soit en terre glaise ,
soit à mortier à sable & à chaux. Ne pourroit-on pas les couvrir aussi en jong ou en
roseaux , s'il y en avoit dans le pays ; ils
sont moins combustibles que la paille. Dans
quelques-unes de nos Isles les maisons sont
couvertes en roseau.

Il faut que le bois ne foit pas rare dans les pays où l'on conftruit les quatre côtés d'une maifon ou d'une grange en bois de charpente. Pourquoi donc ne pas faire fcier des planches, les placer & les clouer fur les chevrons en les pofant en recouvrement, l'une fur l'autre, d'un pouce feulement, y paffer enfuite une couleur avec une huile bouillante, pour mieux réfifter au mauvais temps? Un pareil toit feroit moins combuftible que la paille, il fuffit quelquefois d'indiquer les moyens, pour les voir bientôt mettre en pratique avec fuccès.

Le Gouvernement ne devroit-il pas faire une défenfe expreffe de conftruire dans les Fauxbourgs des Villes, dans les Bourgs ni dans les Villages aucune maifon en bois de charpente, couverte de paille ou de chaume, de même que les granges, à moins de les placer loin des maifons, pour qu'elles ne puffent leur porter aucun préjudice? ce feroit le moyen d'éviter les malheurs que ces maifons & ces granges, par leur conftruction combuftible, occafionnent fi fouvent.

J'aurois cru que les combles incombuftibles du Palais de Bourbon, ainfi que mes combles briquetés, qui font plus anciens, annoncés au public en 1753, cités dans les ouvrages de plufieurs de nos Auteurs, même par ceux des étrangers, & tout récemment par **M. Linguet**, (1) qui ont tous reconnu ces avantages, j'aurois cru, dis-je, que cette conſtruction auroit été généralement ſuivie & exécutée par-tout, vu que le prix d'un comble briqueté & d'un comble à la françaiſe eſt de moitié moins grand, ainſi que nous l'avons fait voir; il eſt cer-

---

(1) Mercure de France du mois de Mai 1754, page 149.

Eſſai ſur l'Architecture, par le pere Laugier, de la compagnie de Jeſus, 1755.

Mercure de France 1776.

Papiers publics Anglais.

L'Architecture de Belidor.

Et notamment M. Linguet tom. **13**, n°. **CIII**, page **463**, lig. 10.

On auroit peine à concevoir que les particuliers, d'eux-mêmes, ne ſe ſoient pas empreſſés d'adopter dans la bâtiſſe de leurs maiſons, des expédiens propoſés, il y a quelques années, pour les rendre incombuſtibles, comment les Gouvernemens n'en ont point fait l'objet d'une loi de police générale ?

L'un inventé par un Français, le Comte d'Eſpie, ſi je ne me trompe, étoit de diviſer tous les étages par des voûtes de briques, poſées de plat ; rien de plus ſimple, rien de plus léger, rien de moins diſpendieux, rien de plus impénétrable au feu que cette cloiſon horizontale : rien de plus compatible avec toutes les poſitions, avec toutes les conſtructions, toutes les deſtinations ; elle n'excluoit au-deſſous, aucun des ornemens, ou des décorations de luxe, elle pouvoit au-deſſus admettre des planchers des Parquets, & en leur communiquant même une imperméabilité au bruit que n'ont pas les meilleurs plafonds.

Au moyen de ce rempart intermédiaire, le feu enchaîné dans la pièce ſeule où il s'allumoit, pouvoit facilement y être étouffé, ou dumoins il s'y pouvoit développer ſans riſque, avec le ſeul ſoin de fermer les portes, & de les tenir mouillées, il falloit bientôt qu'il y pérît faute d'alimens & d'eſpace.

tain que fi à cette époque de 1753 , on avoit
conftruit en France tous ces édifices felon
cette méthode , les bois ne feroient pas auffi
rares ni auffi chers qu'ils le font aujour-
d'hui.

Mais qu'eft ce qui peut avoir éloigné ou
dégoûté les perfonnes qui ont bâti depuis
de ces combles briquetés ? c'eft peut-être
parce qu'il faut néceffairement qu'ils foient
fupportés par des voûtes plates ; que n'étant
pas bien perfuadées de leur folidité & ayant
peur de marcher fur de pareils planchers ,
qui n'ont que quatre pouces d'épaiffeur ,
elles ont préféré de s'en tenir à l'ancienne
méthode.

Il n'y a que **M.** Linguet , dont l'élo-
quence & l'amour pour l'humanité font
connus , qui par fon approbation & les
preuves qu'il donne de tous les avantages
des combles briquetés , puiffe réuffir à faire
revenir le public de fa prévention contre
eux.

Puifque mes combles briquetés jufqu'à
préfent n'ont pu faire fortune , je vais en
fubftituer un autre à la place , qui peut-être
aura plus de bonheur , que j'ai imaginé &
que j'ai fait exécuter l'année derniere à ma
campagne ; je l'ai qualifié de comble (carrelagé) : il a été fi unanimement approuvé
par notre Académie d'Architecture , qu'elle
a défiré que MM. les Capitouls rendiffent

une ordonnance, pour engager les habitans de Touloufe à conftruire les toits
conformément à cette nouvelle conftruction ; elle eft bien fimple & bien peu coûteufe. Sans être incombuftible, elle pourra
très-bien réfifter aux flammes d'une maifon
voifine incendiée, que la violence du vent
porteroit fur ce nouveau toit ; il a encore
un avantage de pouvoir être conftruit fur
une maifon déja bâtie, dont il faudroit néceffairement refaire le toit en entier, ou fur
une maifon neuve : ce toit peut être à une
eau ou un égoût ou à deux égoûts, avec
la pente ordinaire que l'on donne à nos toits
couverts avec de la tuile canal ; ce qui ne
pourroit pas trop s'exécuter fi l'on vouloit
former un comble extrêmement pointu, ou
une manfarde ; l'explication que je vais en
donner & les deux planches gravées le fera
mieux comprendre.

C'eft un bâtiment neuf, adoffé à un vieux
mur C D, il a cinq toifes quatre pieds de
long & deux toifes cinq pieds de large, le
tout dans œuvre, le toit de ce bâtiment
eft à une eau ou égoût ; il n'eft compofé
pour la charpente que de deux fermes,
d'une panne & de dix-fept chevrons, efpa-
cés à la diftance de deux pieds de l'un à
l'autre, à prendre dans leur milieu ; au lieu
de later ou plancheyer fur les chevrons, on
a fait un carrelage avec des briques que

j'avois fait faire exprès à ma Briqueterie ,
de quinze pouces de long , de dix demi
pouces de large & d'un pouce d'épaiſſeur ;
celles de Caſtelnaudarry , qui ſont bien cui-
tes & plus légeres , ſeroient préférables :
toutes ces briques ſont cimentées avec du
plâtre & arrangées de façon que les joints
ne répondent pas les uns aux autres ; comme ce toit eſt joint à un vieux mur , qui eſt
plus élevé , j'ordonnois à l'ouvrier d'y faire
une entaille , pour y faire entrer la premiere brique avec du plâtre , de même que
toutes les autres briques qu'il poſeroit contre ce mur : dans l'arrangement de toutes
ces briques on voit que la plus grande partie porte ſur les chevrons , les unes par
moitié , les autres par quart , par tiers ,
d'autres par trois pouces , par deux & par
un ; celles qui ſe trouvent entre les chevrons , quoiqu'iſolées , étant contrebutées
par celles qui y portent , il eſt impoſſible
qu'elles s'en détachent ; c'eſt par cet arrangement que leurs joints ne ſe rencontrent
point , ce qui eſt abſolument néceſſaire.
Pluſieurs perſonnes qui ſont venues voir ce
comble , lors de ſa conſtruction , penſoient
qu'en rapprochant les chevrons à la longueur de la brique , cela ſeroit bien plus
ſolide ; j'ai penſé au contraire que cela le
ſeroit moins , parce que les joints ſe ſui-
vroient tous , les uns les autres , ſur les che-

vrons ; une goutiere qui fe trouveroit fur cette partie pourroit , par fucceſſion de temps , en détacher le plâtre & pourrir le chevron , ce qui n'arrivera pas , de la façon dont ces tuiles font arrangées , quoique la dépenſe de cinq ou fix chevrons de plus qu'il faudroit ne foit pas confidérable , c'eſt toujours l'augmenter inutilement.

Le carrelage du comble achevé , l'ouvrier eſt venu pour en garnir tous les joints en-deſſous avec du plâtre ; ce toit ainſi fini a été livré pendant près de trois mois aux pluies continuelles & abondantes qu'il y a eu l'année derniere dans ce pays-ci , fans qu'elles lui aient cauſé le moindre dommage ; cependant , comme ces pluies continuoient toujours avec la même abondance , je pris le parti , au bout de ce temps , de faire couvrir tout le carrelage avec de la tuile canal. Le plâtre de Paris , qui réſiſte à la pluie , n'auroit pas eu befoin de cette couverture.

Il eſt certain que les toits ordinaires , latés ou plancheyés peuvent être incendiés lorſque le feu prend à une maifon voifine & attenant , & que la violence du vent porte les flammes fur ces toits ; s'il y a quelque partie défectueufe , les flammes l'auront bientôt trouvée , elles s'y infinueront , elles pénétreront dans les lates ou dans les planchers , alors la charpente fera bientôt en feu , ou tifon ; fi c'eft un morceau de bois enflammé , qui vienne à tomber fur ce toit , la tuile canal caffée , il ne tardera pas à enflammer les lates ou les planchers , & enfuite la charpente. Cette maifon incendiée , fur-tout s'il fait un grand vent , caufera l'alarme dans tout le quartier , crainte que celles qui font attenantes n'augmentent l'embrafement. La police , tout comme les propriétaires , ne trouveront d'autre expédient , pour éviter la violence des flammes & de fes progrès , que de les abattre & de les féparer de la maifon qui brûle , dont tous les fecours & les pompes même , n'auront pû éteindre le feu.

Mon comble carrelagé ne fera pas fujet à cet inconvénient , quand quelque tuile canal feroit brifée , caffée ou dérangée , ou qu'un morceau de bois enflammé y tombât deffus , & caffât par fa chûte la tuile canal ; la flamme auffi bien que le tifon n'y trouveront point à s'alimenter , c'eft-à-dire , point de bois , mais le carrelage qui empêchera que la flamme ou le tifon ne pénetre dans la charpente ; voilà le premier avantage de ce toit , qui eft affez confidérable.

Le fecond eft , qu'il ne faudra pas les réparations continuelles que les toits ordinaires exigent , foit parce que les lates ou les planches fujettes à fe carier ou à fe pourrir néceffite ces réparations , foit auffi parce que la charpente a été endommagée par des goutieres qu'on aura négligé de réparer, au lieu que le toit carrelagé, quand il s'y trouveroit quelque goutiere, par le défaut des tuiles canals caſſées ou dérangées, l'eau paſſera entre le carrelage & les autres tuiles canals, ira tomber déhors ou dans les chenaux, s'il y en a.

Le troiſième avantage eſt, que les rats & les ſourris, ni la fouine, à la campagne, & autres animaux, ne pourront entrer dans les galetas par ce toit : n'en feroit-ce pas un bien grand pour des greniers ?

Le quatrième avantage eſt, qu'il eſt arrivé quelquefois que par des violens ouragans & par des tourbillons de vent, les toits des maiſons ont été enlevés en entier ou en partie, ce qu'on a vu plus d'une fois, dans les papiers publics, au lieu que mon toit carrelagé étant bien cimenté, ne faiſant enſemble qu'un corps moins léger pour le vent, que les lates & les planchers lui donnera beaucoup moins de priſe.

La cinquième eſt, qu'on a vu à Toulouſe, il y a environ trente-cinq à trente-ſix ans, une ſi grande abondance de neige, qui ſejourna pendant pluſieurs jours, ſur les toits des maiſons, ceux qui ſe trouverent en mauvais état furent enfoncés par ce grand poids, le mien n'aura plus rien à riſquer dans une pareille circonſtance.

Enfin, le fixième avantage eft, que ce toit eft beaucoup moins coûteux que les toits ordinaires, ce qu'on va voir par le calcul fuivant.

Ce toit a vingt-quatre toifes quarrées : il a fallu pour le carreler 832 briques, qui n'ont, comme nous avons dit, qu'un pouce d'épaiffeur, à 4 liv. le cent . 33 l. 5 f.

16 Sacs de plâtre, péfant 60 livres, à 15 fous le fac . 12 l. 0 f.

TOTAL . . . . . . 45 l. 5 f.

Ce toit n'a coûté, en brique & en plâtre, que la fomme de 45 livres 5 fous, je ne compte point la tuile canal, parce qu'il en faudroit la même quantité fi mon toit étoit plancheyé ou laté : quant à la main d'œuvre, elle eft encore moins chere pour carreler que pour plancheyer ; voyons maintenant ce que m'auroit coûté ce toit pour le plancheyer, en mettant les chofes au plus bas prix.

Il faut pour un pareil toit la même charpente, & la même quantité de chevrons, il faut un fufte de planches, par toife quarrée (1).

____

(1) Fufte eft un terme vulgaire du pays, qui contient fix planches.

24 Fuftes à 5 livres cha-
que . . . . 120 l. 0 f.

2400 cloux de double
marche, à 12 fous le cent. 14 l. 8 f.

TOTAL. . . . . 134 l. 8 f.

Otez de cette fomme . . 45 l. 5 f.

Refte. . . . . 89 l. 3 f.

J'ai donc épargné pour ce toit, qui n'eft pas fort confidérable, la fomme de 89 liv. 3 fous ; elle auroit été bien plus confidérable fi je mettois le fufte de planches à 6 ou 7 livres & les cloux de gabarre à 15 fous, c'eft là le prix ordinaire pour ceux qui ne vont pas à l'épargne.

La planche premiere marque le plan du toit, où l'on voit l'arrangement des briques. A B, B C, A D, font les murs neufs, C D, eft le mur vieux, où le toit carrelagé eft adoffé.

La planche feconde marque la coupe & le profil pris dans la largeur du bâtiment.

Quoique ce toit ne foit qu'à une eau ou égoût, rien n'empêche de le faire à deux égoûts, en affemblant les chevrons & en les taillant à bec fur le faîtage, fur lefquels on pofera le carrelage cimenté à plâtre, en ob-fervant toujours que les joints ne fe ren-contrent point ; on pourra, fi l'on veut, tailler auffi à bec les premieres briques, qui doivent fe joindre fur le faîtage, afin qu'elles s'uniffent mieux entr'elles, & qu'elles faffent meilleure prife avec le plâtre dont elles feront enduites ; on pourra encore, quand on fera cuire les briques, ordonner au Briquetier de faire quelques trous à celle qu'on doit mettre contre le faîtage, afin de pouvoir les clouer avec les chevrons ; les autres n'ayant pas befoin de cette opération, on couvrira ce toit à l'ordinaire avec la tuile canal.

E R R A T A.

Page 9, lig. 21 de la note, relevement, *lifez* revêtement.

Page 22, ligne 2, au lieu de dix demi pouces, *lifez* dix pouces & demi.

Page 24, ligne 1, aprés le mot feu, *fupprimez* ou tifon ; & lig. 2, aprés le mot enflammé, *ajoutez* ou tifon.

Page 25, ligne 1, a été endommagée, *lifez* ayant été endommagée.

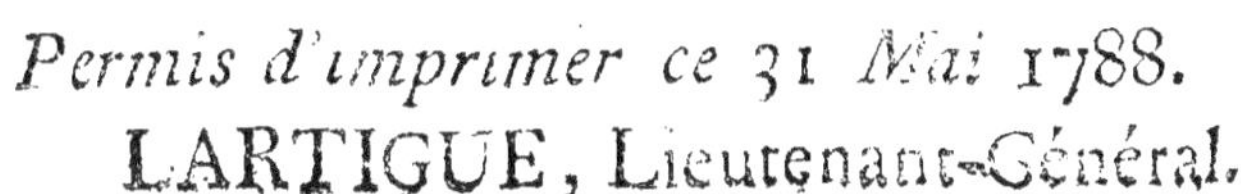

Permis d'imprimer ce 31 *Mai* 1788.

LARTIGUE, Lieutenant-Général.

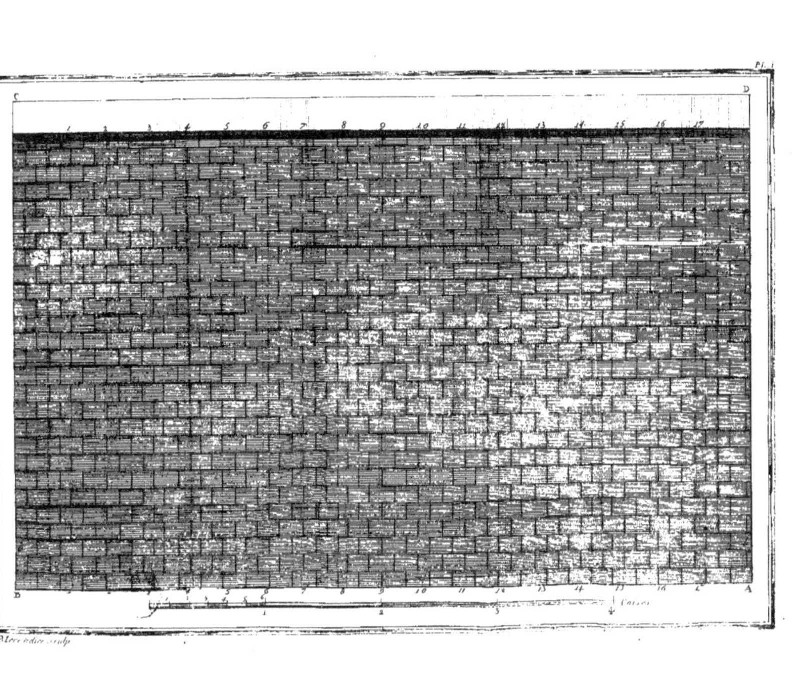
Pl. 1
C
D
B
A
Toises
Alexandre sculp.

Pl. II
Mercadier Sculp.